中国儿童好问题百科全书

CHINESE CHILDREN'S ENCYCLOPEDIA OF GOOD QUESTIONS

发明发现

主编 鞠萍

U0353248

中国大百科全书出版社

图书在版编目(CIP)数据

发明发现 /《中国儿童好问题百科全书》编委会编
著. --北京 ：中国大百科全书出版社，2016.7
（中国儿童好问题百科全书）

ISBN 978-7-5000-9897-3

Ⅰ.①发… Ⅱ.①中… Ⅲ.①创造发明—儿童读物 Ⅳ.①N19-49

中国版本图书馆CIP数据核字（2016）第141616号

中国儿童好问题百科全书

CHINESE CHILDREN'S ENCYCLOPEDIA OF GOOD QUESTIONS

发明发现

中国大百科全书出版社出版发行

（北京阜成门北大街17号 电话 68363547 邮政编码 100037）

http://www.ecph.com.cn

保定市正大印刷有限公司印刷

新华书店经销

开本：710毫米×1000毫米 1/16 印张：4.5

2016年7月第1版 2019年1月第3次印刷

ISBN 978-7-5000-9897-3

定价：20.00元

李政道博士的求学格言：

求学问，需学问；
只学答，非学问。

姓　　　名:	J. 瓦特
生卒日期:	1736.01.19～1819.08.25
身　　　份:	英国发明家、机械师
成　　　就:	在蒸汽机的发明中有重大贡献

 瓦特问

壶盖儿为什么会跳动？

　　瓦特是英国的大发明家。他从小就爱观察和思考。一天，他在厨房里玩，忽然发现炉子上的一壶水开了，壶盖儿不停地上下跳动，啪啪作响。瓦特就问奶奶："壶盖儿为什么会跳动呢？"奶奶说："壶里的水开了，壶盖儿就会上下跳动。"

　　可是，瓦特很好奇水壶里的水烧开后为什么会把壶盖儿顶起来。后来，他观察发现，水壶里的水被烧到100℃以后，水会变成水蒸气，之后体积成倍增加，使水壶容不下它了，水壶就产生极大的向外扩张的力。这样，壶盖儿就被顶起来了。

　　由此，瓦特突然想到，水蒸气能够产生这么大的力量，能不能用这种力推动机器工作呢？经过长期研究，他对纽科门发明的蒸汽机进行了多项技术革新，使蒸汽机的效率大大提高，应用范围更广，为当时英国的工业革命解决了动力问题。因此，瓦特蒸汽机的问世成为工业革命开始的标志。

　　后来，人们为了纪念瓦特的发明创造，就用"瓦特"作为功率的单位。

爱搞"破坏"的瓦特

瓦特从小就表现得和别的孩子不一样。别的孩子拿到玩具，都珍惜极了，不舍得折，不舍得玩，甚至小心收藏。而玩具到了他手里，却总是被"大卸八块"。

其实，瓦特并不是真的搞破坏，只是想知道手里的玩具是什么零件组成的，是怎么组成的。所以，他把玩具拆散后，会仔细研究，再把玩具重新组装好。

后来，瓦特在小朋友当中出了名，谁的玩具坏了，都找瓦特帮忙修理，而瓦特也总是不负众望，小朋友们拿来的坏玩具，他鼓捣鼓捣就能修好。

每次修好后，小朋友们都高兴地说："瓦特，你真棒！谢谢你！"

人被晒黑是阳光中的紫外线造成的。海边和同纬度的内陆地区的光照条件是基本相同的，受到的紫外线辐

好奇指数 ★★★★★

在海边为什么更容易被晒黑

射也没有太大区别，可是人在海边不出几小时就会被晒黑。这是因为海边通常云量少，遮蔽物也少，紫外线强度比其他地方高。

另外，除了来自天上的阳光外，由地面反射的光线也非常强烈。与草坪和柏油路相比，沙滩和水面对阳光的反射率更高。紫外线多角度的强烈的辐射，当然使人更容易晒黑了。

不仅是在海边，只要皮肤暴露在有水的地方，比如室外游泳池，如果没有采取防晒措施，皮肤也比在其他地方容易被晒黑。

最早出现的汽车，是用煤烧锅炉，用锅炉里产生的蒸汽做动力推动车行驶的，所以叫汽车。它是 1769 年由一个叫居纽的法国人研制的。从此，汽车这个名字得到公认。

蒸汽汽车笨重，行驶起来转弯费劲，又冒着黑烟。1866 年，德国人奥托制成了使用煤气的内燃机汽车，但这样的车行驶时，也要有一个煤气发生炉，使用很不方便。后来，德国人戴姆勒又研制成性能更好的使用汽油的内燃机汽车，这种车便成了现代汽车的始祖。因为大家叫惯了汽车，所以就沿用了这个名字。

好奇指数 ★★★☆☆

汽车用汽油做燃料，为什么叫汽车而不叫油车

傻小子，等没油时再推吧！

别动！

来呀！

交 通灯最早起源于女装。在 19 世纪的英国约克城，女士们穿红色衣服表示"已婚""禁

好奇指数 ★★★★★

交通灯为什么选红、黄、绿三种颜色

止追求"，穿绿色衣服就表示"未婚""可以追求"。那时伦敦街头经常发生马车撞人事故，英国人哈特从"红绿装"的不同含义中得到启发，于 1868 年发明了世界上第一盏煤气交通信号灯，它有红和绿两种颜色。后来经过改进，交通灯才变成红、黄、绿三色。

从科学的角度来看，红、绿色显眼醒目，波长又足够长，不容易被空气中的悬浮微粒阻挡住和散射掉，传播的距离远，所以分别用来表示禁止通行和允许通行。黄色代表着提醒、警告，又不易与红、绿色混淆，因而用来表示谨慎慢行的意思。

眼 睛是人的
视觉器官。
看看窗外的绿树，
眼睛会感到舒服，
这是为什么呢?

**自然界有许多颜色，
为什么看到绿色
人会感到舒服**

太阳光照在物体上，物体吸收和反射光的量是不一样的，绿色反射太阳光的量是 47%，青色是 36%，红色是 67%，黄色是 65%。从上面的数字我们可以看出，红色和黄色的光看起来比较耀眼，对于眼睛刺激比较厉害，而青色和绿色对于光线反射的量比较适宜。所以，人体的神经系统、大脑皮层和视网膜，对绿色和青色有比较舒服的感觉。

此外，绿树还可以减少强光中有害紫外线对眼睛的伤害。所以，我们在看一段时间的书后，站起来看一看窗外的绿树，能够及时消除眼睛的疲劳，起到保护眼睛的作用。

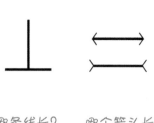

哪条线长？　　哪个箭头长？

 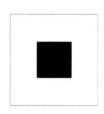

哪个面积大？

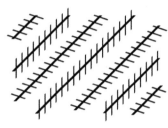

这些线都是平行线吗？

哪个中心圆大？

同 一个人，穿黑色的衣服比穿白色的衣服显得瘦，这是人的视觉产生了误差。黑色是深色，给人一种收缩感；白色是浅

好奇指数 ★★★★★

 穿黑色的衣服为什么显得瘦

色，给人一种膨胀感。所以，同样面积的黑色比白色显得小。

　　看看上面几组图形，再用尺子量一下，你得出了什么结论？这些线段、圆圈乍一看有长有短、有大有小，而实际上是相等的。由于受物体摆放的形式或周围陪衬物的影响，眼睛对物体的判断有时并不准确，这叫视错觉。

　　生活中的视错觉随处可见，如瘦人显得高，胖人显得矮；装有镜子的房间显得宽敞等。

人脑在做算术题时，先要根据计算公式确定计算步骤，然后一步一步地计算，最后得到结果。这样一旦碰到复杂的计算题，会有许多的步骤，那就要耗费大量的人力和时间了。

好奇指数 ★★★★★

计算机做算术题为什么能那么快

计算机的计算方法与人脑完全不一样，它不能自己计算，得事先由人设计好计算程序，计算时每一步只需在两种信号中选择一种，然后根据程序得到结果。由于计算机中的信号、数据和运算是通过电的形式运行的，而电的传递速度可达每秒30万千米，因而计算机的运算速度非常快，一般每秒可达几千万次，甚至能达到几亿次。

数学除了数字以外，还有一套数学符号。

15 世纪以前，数学运算还没有现成的符号可使用。据说当

好奇指数 ★★★★★

"＋" "－" "×" "÷" "＝" 是怎么来的

时卖酒的商人用"－"表示酒桶里的酒卖了多少。他们把新酒灌入桶里的时候，在"－"上加一竖，意思是把原线条勾销，这样就成了个"＋"号。1489 年，德国数学家魏德曼在他的著作中首先使用了这两个符号。

18 世纪，英国数学家欧德莱提出，乘法也是增加数目，但与加法不同，于是就把"＋"号斜写成"×"号，表示数学中增加数目的另一种运算法，于是"×"开始用于乘法运算。最初人们用"："表示除或比，也有人用分数线表示比，后来又有人把二者结合起来就变成了"÷"，用于除法运算中。

16 世纪，英国学者列科尔德在进行数学研究时，用两条平行线来表示两个相等的数字，于是"＝"号就出现了。

好奇指数 ★★★★★

**滴在地上的汽油
为什么会呈现
彩虹般的颜色**

汽油滴在地上，会形成一层薄薄的油膜，油膜的上下两个面都能反射太阳光。当光线照射到油膜上时，油膜上下表面反射出来的光线会产生干涉现象，就是互相作用，有的地方光波加强了，有的地方光波减弱了，结果就形成了像彩虹一样的彩色条纹。这叫薄膜干涉现象。

吹肥皂泡时，飞舞的泡泡也会呈现鲜艳的彩虹色；蜻蜓的翅膀在阳光的照射下显得色彩缤纷，也是同样的道理。

在普通数学里，1 + 2 = 3，这很简单！但是，我国杰出的数学家陈景润，耗费了一生精力研究解决的"1 + 2"，

好奇指数 ★★★★★

为什么陈景润要证明 1 + 2，还费了半天劲儿

却和一个世界性的尖端数学难题有关。这个难题叫"哥德巴赫猜想"，它是18世纪的德国数学家哥德巴赫提出来的。它的内容是：任何一个偶数均可表示为两个素数之和，简称为"1 + 1"。

200 多年来，各国科学家绞尽脑汁，试图证明这个猜想是正确的，但都没有取得大的进展，哥德巴赫猜想也因为它的高难度被人誉为"数学皇冠上的明珠"。1966 年，陈景润通过艰苦的努力，用新方法证明了"每个大偶数都是一个素数及一个不超过两个素数的乘积之和"，简称为"1 + 2"，这离证明"1 + 1"只差一步之遥。这一证明被世界数学界称为"陈氏定理"。

好奇指数 ★★★★★

100元人民币上的"100"为什么会变颜色

从垂直角度看第五套第一版人民币100元上的阿拉伯数字"100"时，它是绿色的；而把100元人民币倾斜一定角度后再观察时，"100"就变为蓝色。为什么会发生这种奇妙的变化呢？"100"变色的奥妙在于，印制钞票时使用了能防伪的光变油墨。这种光变油墨含有对光敏感的特殊成分，当光线从不同方向照射时，它就会显示出不同颜色。由于光变油墨制作和印刷都需要很高的技术，难于仿制，因而能起到很好的防伪作用。

你知道吗？2015年11月，我国又发行了新版的100元人民币纸币。你再观察看看，它都有什么变化呢？

好奇指数 ★ ★ ★ ★ ★

飞机为什么
怕小鸟儿

人类受鸟儿的启发揭示了飞行的原理。不过，小鸟儿却成了飞机的大敌。因鸟类碰撞机身或卷入发动机所造成的飞行事故时有发生，国际上为这类事故起了一个形象的名称——"鸟撞"。小小飞鸟的血肉之躯，为什么会对飞机的钢筋铁骨造成如此之大的危害呢？

从物理学上看，小鸟儿迎面撞向飞机，其动量完全转化成了小鸟儿对飞机的冲量，而相撞时间又极短，所造成的冲击力无异于一颗炮弹。况且机鸟相撞时的接触面积很小，飞机被撞击位置受到的压强很大，以至于现有的飞机材料几乎都经受不住。

现在的喷气发动机暴露面大、吸力强、转速快，如果飞鸟突然被吸入飞机发动机，导致风扇叶片被击断，发动机核心机损坏，后果会更加严重。

好奇指数 ★★★★★

中水是种
什么样的水

为了节约用水，现在有许多居住小区引入了中水设施。什么是中水？它有什么用呢？

中水也叫杂用水、再生水、回用水，是指城市污水或生活污水经处理后达到一定标准，可在一定范围内重复使用的非饮用水。其水质介于自来水（上水）与排入管道内的污水（下水）之间，所以叫中水。

中水不能在与人体有直接接触的场合使用，当然更不能饮用，为什么还要推广使用中水呢？因为它为紧张的城市供水开辟了第二水源。厕所冲洗、园林灌溉、冷却用水、道路保洁等都很耗水，如果用中水代替，不仅会大大降低上水的消耗量，减少水处理过程中的物质、能源消耗，而且可在一定程度上解决下水对水源的污染问题。

在 书店和超市，由于可以自行选购商品，人流量大，书籍和商品容易丢失。为了防止货物被盗，人们在一些大型书店和超市的出口处安装了护栏式的门。当顾客携带没付款结账的书籍或商品通过这种门时，报警声就会响起或警灯亮起。

好奇指数 ★★★★★

书店和超市的防盗门（电子门）是如何防盗的

　　这种防盗装置的秘密在于：书籍和商品上附有磁条或带磁性的器件，而在防护门上装有电子感应装置，当磁条或磁性器件通过防护门时，门上的电子感应装置就会感应到而报警。所以书店或超市在顾客付款结账时，会对磁条消磁或将磁性器件取下。这样，顾客就可顺利出门了。

好奇指数 ★★★★★

磁悬浮列车为什么能悬浮起来

磁悬浮列车能够悬浮在轨道上飞速行驶，是利用了磁极同性相斥、异性相吸的原理。

目前，磁悬浮列车有两类：一类是利用同性磁极相斥的原理，在列车车厢底部和轨道上，安装磁极相同的电磁铁。当电磁铁通上电流后，列车车厢和轨道就产生强大的排斥力。若排斥力大于列车车厢自身的重量，列车车厢就会悬浮在轨道上。

另一类是利用异性磁极相吸的原理，在"T"形轨道与列车车厢底部相套接的部位，分别安装磁极不同的电磁铁。通上电流后，异性磁极便相互吸引。若吸引力大于列车车厢自身重量，列车车厢便会悬浮在"T"形轨道上。

列车上的电磁铁

铁路侧面的电磁铁

网络就像铺在地球上的高速公路，只是普通的高速公路是用建筑材料铺成的，上面跑的是汽车；而网络是用光纤材料铺

网络是怎样把世界各地的人连在一起的

成的，里面跑的是光电数码信息。所以，有人称网络为信息高速公路。因特网是一个全球性的大网络，它把全世界不同国家、不同地区、不同部门的小网络都连接在一起。要想让网络发挥作用，还要借助微波、卫星等通信设备。

在网络上，人与人的交流实际上就是电脑之间的信息交换。要想进入网络，每台电脑还必须获得一个通行证和一个唯一的 IP 地址，这个通行证就是你申请入网时签的通信协议。有了通行证和 IP 地址，你就能在网上跟其他入网的电脑畅通无阻地相互通信了。

气象工作人员利用一定的技术手段，获得各种气象信息，再经过计算，就得到了天气预报的温度。传统的气象观测方法是：把温度计和湿度计放在百叶箱中，定时地查看。百叶箱的顶部能遮阳，四面有通风的百叶窗。工作人员对温度计和湿度计测出的数据进行科学分析，就预测出未来一两天的气温了，再由天气预报员播报出来。

现在，随着科技水平的提高，许多地方都建立了自动气象站，还通过气象卫星和气象雷达测量大气中不同高度的气温和云层变化情况，使天气预报越来越准确了。

好奇指数 ★ ★ ★ ★ ★

天气预报的温度是怎么来的

冷呗！

你怎么穿这么多层衣服呀？

如果你将一块扁平状的小石子儿以紧贴水面的角度抛出，石子儿就会在水面跳跃式滑行一段距离，而不会沉

 用石子儿为什么能在水面上打出水漂儿呢

落水中，这就是通常所说的打水漂儿。这是什么道理呢？

原来，当小石子儿与水面接触时，石子儿就对水面施加一个斜向下（石子儿投入水面的方向）的力。由于水不易被压缩，根据作用力和反作用力原理，水面就对石子儿产生一个斜向上的反作用力，正是这个反作用力支撑着石子儿不下沉。结果石子儿依靠惯性便在水面上滑行漂飞，打出一连串的水漂儿。这和滑水运动员利用滑板在水面上急速滑行的道理是一样的。

肥皂的主要成分是一种盐类，称为硬脂酸钠盐。这种盐的分子既能在水中溶解，又能与油污、汗渍等互相溶解，形成去污力强的肥皂液。

好奇指数 ★★★★☆

肥皂为什么能洗掉衣服上的油污

当我们浸湿衣服、擦上肥皂后，肥皂中的硬脂酸钠盐和水分子，会把衣服上的油污物团团包围住。这些油污物本来是牢牢地附着在衣服纤维上的，被硬脂酸钠盐的分子包围后，它们的附着力会减小。在人们搓洗衣服时，肥皂液中会渗入许多空气，从而产生大量的泡泡。这些泡泡既扩大了肥皂液的表面积，又使油污物的微粒容易脱离衣服，并随水漂去，结果就将衣服洗干净了。

焰 火与鞭炮一样，原料都是火药。但焰火却有缤纷的色彩，这些色彩是由发色剂产生的。发色剂并不神秘，它们都是一些金属化合物，如加入金属钠的化合物硝酸钠，焰火显现出黄色；加入硝酸锶，显现出红色；加入硝酸铜，显现出蓝色；加入硝酸钡，显现出绿色……而耀眼的白光则来自于镁、铝等金属粉末，五颜六色的焰火就这样形成了！

好奇指数 ★★★★★

焰火为什么有那么多种颜色

不同金属或它们的化合物在高温燃烧时，都会产生自己固有的火焰颜色，这在化学中叫焰色反应。19世纪50年代，德国有一个叫本生的化学家，用一种煤气灯做试验，发现食盐（氯化钠）可以使无色火焰变成亮黄色，由此发现了焰色反应。

飞机隐形，并不是真的将机身隐藏起来让人看不见，只是让敌方的"电子眼"雷达难以侦察和发现，以便顺利突破敌方的防线。

好奇指数 ★★★★★

隐形飞机
为什么会隐形

雷达平时能侦察到飞机，是因为它自身发出的雷达波，碰到飞机后，会反射回来信号。根据这个特点，隐形飞机通过缩小自身的体积、采用特殊的形状来减少反射雷达波的面积，还采用表面吸波材料涂层吸收掉雷达波等办法，使敌方雷达发射过来的雷达波有来无回，变成"睁眼瞎"。另外，减少发动机的噪声和飞机本身的热辐射等，也能增加飞机的隐蔽性。

车 因为有能滚动的车轮和驱动转向装置，所以在力的作用下，就能行驶。推动车行驶的动力可以是人力、畜力，也可以是机械力等，如手推车在手推动后可以行驶，自行车在脚踏后可以行驶，马车在马拉动后可以行驶，汽车在发动机的驱动下可以行驶……

好奇指数 ★★★★★

车为什么会行驶

车给人们的生产和生活带来了极大的方便，但汽车、火车等高速交通工具的出现，又使行车安全成了大问题。要想减少交通事故的发生，大家都应该遵守交通规则。

不是，我撞车了。

唉，你玩特技呀？

我们听到的各种声音，是由物体振动产生的。物体振动引起空气的振动，从而产生声波，声波进入人耳，使耳膜振动，耳膜振动把声波传给了听觉神经，于是我们就听到了声音。

好奇指数 ★★★★★

敲击不同的杯子，为什么发出的声音不一样

不同的物体是由不同材料组成的，它产生的振动也就不同，不同的振动会产生不同的声音。即使是同一种材料，如果做成大小、高矮不同的杯子，敲击时，产生的振动也不相同，所以声音也不一样。

你把吃饭的家伙都砸漏了，还想不想吃饭啊？

用电饭煲煮饭，到一定时候就会自动跳到保温状态；而烧水时，水烧开后并不"跳闸"，一直处于加热状态。两者为什么不一样呢？

好奇指数 ★★★★★

饭熟了电饭煲会跳闸，水开了它为什么就不跳了呢

电饭煲何时"跳闸"是受温度控制的。电饭煲都有一个温控开关，是用感温磁体制成的，可以随着温度变化来开合。当温度不超过 100℃时，感温磁体仍有磁性，保持电路接通；当温度升至 103℃时，磁性迅速下降，弹簧把软磁体拉起，加热器电路就断开了。用电饭煲煮饭，饭煮熟后，电饭煲内水干了，温度会超过 100℃，电饭煲就"跳闸"保温；而电饭煲内要是烧水，最高温度只能达到 100℃，不会超过这个温度。这是因为水开后，即使继续吸收热量，本身温度也不再升高，那些吸收来的热量都用来把水变成水蒸气了。所以用电饭煲烧水不会自动跳闸，除非水烧干了。

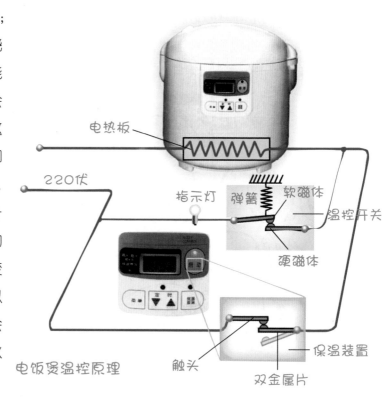

电饭煲温控原理

显微镜是用来观察人眼不能直接看到的微小物体的。例如，用显微镜可观测到一滴水里含有几百万个小生物。现在，

显微镜和天文望远镜比，哪个放大倍数高

人们已利用显微镜观察微小的原子世界，还能通过显微镜，操纵原子，制造原子齿轮呢！现代电子显微镜的放大倍数已达几百万倍到 1 亿倍。

天文望远镜是用来观察宇宙太空的。最先进的哈勃望远镜，在太空中可观察到 100 亿光年以外的星体。这两者相比，明显是天文望远镜放大得更大些。虽然天文望远镜放大倍数高，但它实际上不是放大，而是望远，把距离拉近，所以你不能用它去观察微生物。同样，显微镜主要是放大而不是望远，所以也不能用它去观测宇宙太空。

热 能从温度比较高的部分沿着物体传到温度较低的部分，这叫热传导。不同的物体热传导的能力是不一样的，如金属的热传导能力就比木头强得多。

好奇指数 ★★★★★

冬天用手摸金属为什么比摸木头感觉凉

冬天，我们手的温度比金属要高得多，把手放到金属上，由于金属的热传导能力比较强，它迅速把吸收的热量传导到其他部分，并不断地继续吸收手的热量。所以，我们感到金属很凉。

当我们把手放到木头上时，木头虽然也吸收热量，也进行热传导，但木头热传导的能力比金属要差多了。它把吸收的热量传导到其他部分的速度要慢得多，我们几乎感觉不出来。所以，手能很快将摸到的部分焐热。

因此，冬天用手摸金属比摸木头感觉凉。

好冷！

玻璃为什么是透明的

站在玻璃窗前，我们能一览无余地看到窗外多姿多彩的景色，好像这玻璃窗不存在一样。也就是说，由于玻璃是透明的，我们才能清楚地看到窗外的景物。那么，玻璃为什么会透明呢？

一种物质是不是透明，关键在于它能不能让光线自由地通过。有的物体，比如石头，它内部的原子会把大多数光线吸收或反射掉，所以石头不透明。而构成玻璃的原子，既不吸收光线，也不会使光线散射，能让光线直进直出、自由地穿过，所以玻璃就透明了。如果我们把窗玻璃换成不透明的毛玻璃，由于毛玻璃能阻挡光线通过，并将光线散射，我们就看不清窗外的景物了。

随着科学技术的发展，经过科学的推测，人类可以部分地预知未来，比如预报天气和自然灾害。当然，这种预知是不是准确，还要等到将来才能验证。

好奇指数 ★★★★★

人类可以预知未来，但能回到过去吗

关于回到过去，科学家们已经争论了多年，目前也没有明确的答案。有人依据爱因斯坦的相对论原理，认为当人们进入光速时，时间就会完全停止。一旦超过光速，就会飞回到过去的历史中，这样就可以看到过去发生的一切。那些关于"时光隧道"的科幻电影已经把这一设想表演得惟妙惟肖。

也有的科学家认为，同样根据爱因斯坦的相对论，宇宙间的一切速度不可能超过光速，如果一个物体的速度达到光速，那么物体本身的质量就会变得无穷大，换句话说，超光速物体不可能存在。所以人是不可能回到过去的。

造纸的原料有很多，比如木材、芦苇、竹子、麦秸、稻草、蔗渣、麻等。其中，用木材造的纸质量更好，因为木材中的植

纸为什么要用木头制造，用树叶不好吗

物纤维有韧性，树皮、树干和树根都可作为木浆原料，用它们造的纸即使被压、卷、扯也不易散开、破损。许多高质量的纸都用 100% 的原木浆制造。而树叶中的植物纤维很少，强度也不够，所以一般不用树叶造纸。

现在，地球上的森林资源越来越少了，其中一个原因就是人类大量砍伐树木用于造纸。为了保护森林资源，许多国家已采用芦苇、麦秸等生长迅速的植物造纸，并提倡回收废纸，制造和使用再生纸，有些地方还利用大象、袋鼠等动物的粪便造纸。

北京时间不是北京的时间。北京时间是北京所在的东八区的时间，北京的时间比北京时间晚约14′30″。人们通常将地理经度为零度的英国格林尼治

北京时间是
北京的时间吗

时间，作为全世界的标准时间，并把全球划分成 24 个时区，以确定世界各地区的标准时间，相差一个时区就相差一个小时。许多国家都采用一个全国统一的时间，并多以本国首都所在的时区为标准。我国统一使用东经 120° 的标准时间，属于东八区（除新疆和西藏外）。电台广播中每天报告的北京时间，就是东八区的标准时间，它是陕西蒲城县境内的国家授时中心计算和发布的。

北京的地理位置为东经 116° 21′，这一经度上的时间与东经 120° 的时间相差约 14′30″。

地球自转一圈为一天，把一天平均分为86400份，每一份便是1秒。可是人们发现地球的自转

好奇指数 ★★★★★

1秒钟的时间长度是怎么确定的

并不完全"守规矩"，速度也不均匀，导致1秒的长度也跟着发生变化，于是人们就发明了一种新的计时器——原子钟。

原子钟并不能直接显示钟点，而是根据铯原子的振荡周期来确定1秒的长度：1秒钟等于铯–133原子两个基态能级跃迁（从低能级跳到高能级）9192631770个周期所用的时间。听起来很难懂吧？没有关系，把这个枯燥复杂的工作留给原子钟吧！它相当精确，数千万年内都不会少1秒，也不会多1秒。

1秒钟只是"嘀嗒"一声，可是对航天、通信、全球卫星定位系统等来说，万分之一秒的误差都可能导致重大问题，难怪要这么精确地定义1秒钟了。

看不到厨房里的红烧肉却能闻到它的香味，这是为什么呢？

没进厨房就能闻到红烧肉的香味，气味是怎么传播的呢？

我们说物体具有某种气味，是说这种物体里含有气味物质。气味物质的分子能在空气中扩散，就像热量能在热源的周围传播一样。当这些气味分子在空气中扩散时，撞击到我们鼻腔中的嗅觉细胞，嗅觉细胞就把这种刺激由神经组织传达到脑部，于是产生嗅觉，我们就能感觉到这种气味了。

不同动物的嗅觉敏感程度差异很大，同一动物对不同气味物质的敏感程度也会不同。

时间是看不见的，因为它不是一个实实在在的物体，而是在物质持续运动和变化中表现出来的，如人从出生、发育、成长到死亡，经历了很多阶段和无数个生命瞬间，我们不仅可以感受到每一个瞬间，也能体验整个生命的过程。这不仅说明时间是存在的，更说明时间是持续的、变化的，它拥有过去、现在和未来。

好奇指数 ★ ★ ★ ★ ★

时间为什么看不见

时间虽然看不见，但时间可以计量。我们现在计量时间的单位有年、月、日、小时、分、秒。

谜语：
早晨用四只脚走路，
中午用两只脚走路，
傍晚用三只脚走路。

猜不出来就吃了你！

答案是人！

①浸泡琼脂　②加糖加热溶化

③放入草莓　④倒出冷却

草莓冻的制作过程

好奇指数 ★★★★★

 果冻是如何冻住的

水果中有一种胶质，叫植物胶，它具有连接各个植物细胞的作用。在熬煮水果时，水果的细胞膜发生破裂，植物胶就会跑到水里，形成黏稠状的果冻。水果里的植物胶一般含量较少，所以在制作果冻时，通常要加入琼脂这种植物胶，以提高黏稠度。例如，制作草莓冻时，先用清水浸泡固体状的琼脂，然后捞出，放入清水中加热，使其溶化，并放入一定量的冰糖。水沸后，放入洗净的草莓，等水再次开锅后，煮1～2分钟，倒入干净容器，变凉后就成为香甜可口的草莓冻了。按照这种方法，还可以自制山楂冻，即通常所说的山楂糕。

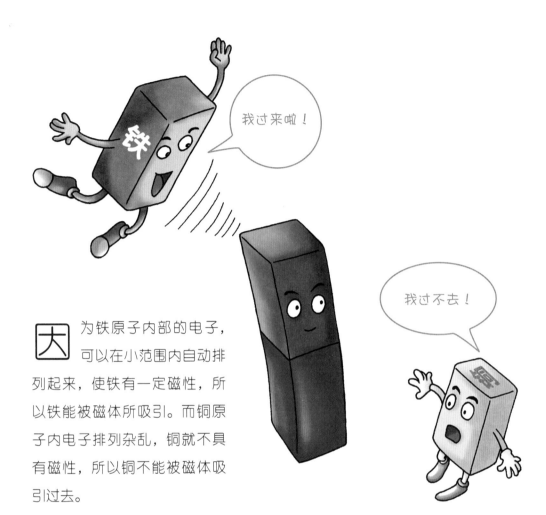

大为铁原子内部的电子，可以在小范围内自动排列起来，使铁有一定磁性，所以铁能被磁体所吸引。而铜原子内电子排列杂乱，铜就不具有磁性，所以铜不能被磁体吸引过去。

物质都是由原子构成的，而原子由一个原子核和核周围一定数目的电子组成。在原子内部，电子不停地自转，并绕原子核旋转。电子的这两种运动都会产生磁性。但大多数物质中，电子运动的方向各不相同，杂乱无章，磁效应就会互相抵消。因此，大多数物质在正常情况下并不呈现磁性。铁原子内部的电子有运动特性，能形成具有一定磁性的自发磁化区，所以铁能被磁体吸过去。

好奇指数 ★★★★★

铁为什么能被磁体吸过去，而铜却不行

通常所说的甜、酸、苦、咸味，都是由人舌头上的味蕾感觉出来的，但味蕾却感觉不到辣味。实际上，辣味是人的舌头与口腔皮肤黏膜受

为什么辣了喝热水会更辣

辛辣食物的刺激所产生的疼痛感。吃了辣的食物之后再喝热水，相当于让本来已经受伤的舌头和黏膜再受一次刺激，犹如往伤口撒盐，当然就会感到更辣了。但是，这种热辣感觉过一会儿就会减轻，因为口腔的机体细胞会自动修复黏膜组织。

如果想及时减弱又热又辣的刺激感，可喝些牛奶，如果喝酸奶，效果会更好。

绿豆汤是夏天消暑止渴的好饮料，而且还能清热解毒呢！如果喝绿豆汤时你留心的话，就会发现本该颜色碧绿的绿豆汤，有时却变成了红色的，这是怎么回事呢？

好奇指数 ★★★★☆

绿豆是绿色的，可煮出汤来为什么是红色的

这里面的原因有很多。如果用铁锅煮绿豆汤时，铁锅加热后，与绿豆中的某种成分发生反应，生成红色的氧化铁，绿豆汤就会变成红色。还有，如果用有油的锅来熬绿豆汤，或者水放得太多而绿豆太少，又或者煮绿豆汤用的是陈年的绿豆等，煮出的绿豆汤都可能变成红色。

声

音是一种波，叫声波。它是由人的声带或某种物体的振动产生的，还

好奇指数 ★★★★★

当声音十分响亮时，玻璃为什么会被震碎

能像水波一样在介质中传播。当声音十分响亮时，表明振动非常强烈，所产生的声波具有很大的能量。当一种能量很大的声波作用在玻璃上时，玻璃会随着声波产生共振。声波的能量越大，玻璃的振动幅度也越大，当这个振动幅度超过玻璃所能承受的极限时，玻璃就会被震碎。据说 2000 年的时候，有一位年轻的歌手在莫斯科的克里姆林宫举办演唱会，他一口气唱了 5 个八度的高音，竟然震碎了 4 盏水晶灯。

好奇指数 ★★★★★

 摇晃水瓶时水中泛起的
泡沫为什么不能马上消失

当我们用力摇动瓶子里的水时，水滴与空气分子发生碰撞，空气就会钻入水滴，形成许多泡沫。这种泡沫与我们打开汽水瓶时里面形成的泡沫不一样。汽水里是加压溶进的二氧化碳，因为二氧化碳比空气轻，当打开汽水瓶盖后，随着压力的降低，二氧化碳很快就释放出来，它所带出来的汽水泡沫也就很快消失了。而摇晃水瓶产生的泡沫，里边的空气不大容易释放，所以泡沫不能马上消失。

电风扇是通过它的弧形叶片旋转，将风吹向前方的。在风扇叶片前的空气被吹走的同时，叶片后面的空气

好奇指数 ★★★★★

将电风扇背面遮住，为什么就无法扇出风来

便会立即补充进来，而附近的空气又及时流到叶片的后面，这样风扇就能连续不断地将新空气吹向前方。流动的空气带走热量，人就感到凉爽了。由此可知，如果将电风扇背面遮住，叶片后的空气补充不进来，当然就无法扇出风来了。

冰 也是水，只不过它是固态的水。在标准大气压下，水的冰点是0℃。也就是说，在正常情况下，水在0℃时就开始结冰了。但水有个怪脾气，当它结冰时体积会膨胀一些。就是说同样的重量，冰要比水（在4℃时）体积大；那同样的体积，冰就会比水（在4℃时）轻，所以冰可以浮在水面上。当河水表层结冰时，小鱼就生活在冰下的水中，有的人在寒冷的冬天还凿出一个冰窟窿钓鱼呢！

好奇指数 ★★★★★

冰那么重，为什么可以浮在水上

谁叫我比你轻呢？

你这么大块头，压在我身上，好意思吗？

好奇指数 ★★★★★

天蚕丝为什么用刀、枪、剑都刺不透

传说唐朝时，在一次皇帝登基庆典上，从天上掉下来一个绿色的蚕茧。皇帝认为这是上天所赐的神物，就把它封为"天蚕茧"，这种蚕自然就叫天蚕了。

天蚕是一种野生的蚕，它生活在天然柞树林中，数量很少。天蚕吐出的丝就是天蚕丝。天蚕丝是一种不需要染色的野蚕丝，具有淡绿色的宝石般的光泽，由于产量极低，价格非常昂贵，被誉为"纤维钻石"，只有中国、日本、朝鲜和俄罗斯有少量出产。

天蚕丝不是刀枪不入的，但确实很结实。因为天蚕丝的纤维粗细差异大，纤维横截面是扁平状或多棱三角形，就像钻石的结构，这就使得纤维的强度非常高，柔韧性特别好，能以柔克刚。用天蚕丝制成的衣物，可保存上千年。

好奇指数 ★ ★ ★ ★ ★

放风筝时，为什么风筝有线掉不下来，线断就掉下来了

风筝飘飞时，它不是直立在空中，而是通过风筝上的牵线倾斜一个角度。这样，就会在风筝的上、下两个表面产生不同的空气压力，形成压力差，使风筝获得向上的升力，在空中飘升。这个道理跟飞机起飞一样。这时，即使用力拉风筝牵线，风筝也不会掉下来。但如果牵线断了，无法控制风筝在空中飘飞的角度，它自然就会掉下来。

真棒！

啊，失误了！

哎呀，完蛋了！

能 自动缩回的卷尺是钢卷尺，尺身部分是用钢片做成的。卷尺盒中有个转轴，卷尺的一端通过弹簧连接在轴上。平常不

用时，卷尺就缩在盒里的轴上；使用时，用手向外拉卷尺，弹簧就被拉开。当手放开卷尺时，卷尺在弹簧的作用下就自动缩回盒内。这种结构设计，使卷尺使用起来非常方便。如果把软尺也做成卷尺那样的结构，里边装上弹簧，软尺也能自动缩回，但缩回的时候就麻烦了，得有一个人从前面拽着软尺，否则，软尺就绷不直，会缠乱了，下次也没法用了。

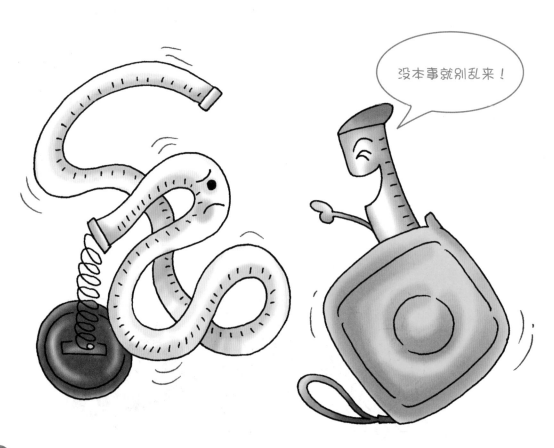

你 吃过臭豆腐吗？是不是觉得它闻着臭吃着香？

为什么臭豆腐闻着很臭，吃起来却很香？

臭豆腐闻着臭，是因为在制作时，它里面的蛋白质产生分解，发出了有臭味的硫化氢气体，我们鼻子闻到的就是它的气味。

可臭豆腐吃到嘴里又很香，因为经过微生物作用，它里面产生了有特殊香味的有机酸、醇、脂、氨基酸等物质。当我们吃臭豆腐时，舌头上的味蕾就会感觉到这些香味。

鼻子是嗅觉器官，舌头上的味蕾能品出各种味道。臭豆腐闻着臭吃着香，是人的嗅觉和味觉这两个感觉器官发挥不同作用的结果。

别扔！这也是生命啊！

好奇指数 ★★★★★

馍馍上的绿毛是有生命的小动物吗?

馍 馍上长的绿毛真是有生命的。但它不能算是动物，而是一种叫真菌（俗称霉菌）的微生物。

少数真菌只由一个细胞组成，大多数真菌是多细胞的，由丝状体和孢子组成。孢子很小、很轻，可随风飘荡。馍馍有丰富的营养和水分，当孢子被吹到馍馍上时，在合适的温度下，孢子就长出芽管，并逐渐长成丝状，称为菌丝，也就是我们看到的绿毛，有时也有褐色、黑色的毛。在显微镜下观察，菌丝有球拍状、鹿角状、螺旋状、梳状等。真菌种类繁多，有 10 万余种。长在馍馍上的真菌很可能混有黄曲霉菌，它能产生对人体有害的毒素，所以长毛的馍馍不能吃。

好奇指数 ★★★★★

啤酒和可乐里 为什么会有泡沫 ❓

为了使啤酒和可乐喝起来清凉爽口，人们在生产啤酒和可乐的过程中，通过压力向里面加入了易挥发的二氧化碳气体。当我们打开啤酒或可乐的瓶盖时，由于压力降低，二氧化碳气体便以小气泡的形式从液体中冲出来，这样就在液体饮料表面上聚集了许多小气泡，形成了气体泡沫。气体从液体饮料中冲出来时，还带走了周围的热量，因此我们喝这些饮料时，嘴里有清爽的感觉。不仅是啤酒和可乐，许多碳酸饮料中都有二氧化碳气体。

痛快！

解放了！

好奇指数 ★ ★ ★ ★ ★

谁发明了伞？发明伞之前，下雨了人们怎么办？

很早的时候，还没有发明伞，下雨了人们就摘些荷叶、大树叶或披上兽皮挡雨。后来人们又编制出草帽、蓑衣，披戴在头上、身上避雨，但是避雨的效果不是特别好。

再后来，传说木匠鲁班看到小孩把荷叶顶在头上遮阳，便受到启发。他把竹子劈成许多细条，按照荷叶的样子，扎了个架子；又将一块羊皮剪成圆形，罩在竹架子上；还让竹架子可以活动，使用时撑开，不用时收拢，这就成了最初的"伞"。后人又做出了纸伞、尼龙伞、折叠伞、伸缩伞等，伞的功能也越来越完善了。

好大一把伞啊！

好奇指数 ★ ★ ★ ★ ★

橡皮为什么
能擦掉字

用 铅笔在纸上写字，显出的是石墨粉的印迹。我们常用来擦字的橡皮，是由橡胶制成的。橡胶对石墨粉有良好的吸附性，当用橡皮擦纸上留下的铅笔字时，石墨粉末与橡皮接触会被牢牢地沾附在橡皮上，就像铁粉碰到磁石一般，字迹很快就被擦掉了。

好奇指数 ★★★★★

气球为什么
能大能小 ?

气球的大小与气球里面装的气体有关，气体多了它就大，气体少了它就小。

节假日里，五颜六色的气球增添了节日气氛。这些能飘在空中的气球，都是用弹性非常好的橡胶或塑料制成的。这种材料在一定的限度内可以发生很大的变形而不会损坏。所以，往气球里充气时，气球就会膨胀变大，把气放出去，它就变小了。

气球除了可以当玩具外，还能为我们的生活、生产和国防服务，比如军事和气象上用的探空气球、作为运载工具用的热气球等。不过，做这些气球的材料，除了橡胶、塑料外，还要加进纤维或金属材料。因为它不仅要有弹性，还要有较高的强度，而且强度比弹性更重要。

有人偷窥！

好奇指数 ★ ★ ★ ★ ★

飞去来器为什么飞出去还能飞回来

飞去来器飞出去还能飞回来，奥妙在哪儿呢？就在它的形状和自旋运动中。我们看到的大多数飞去来器都呈 V 形，器臂呈扁平状。当把这种特殊形状的飞去来器抛出去时，它的两臂就像飞机的翅膀一样，受到空气给予的升力；它的形状又使它既像陀螺那样自转，又像地球绕着太阳那样绕着一个转轴旋转，使它在空中画一个大圆圈，又回到抛出者手里。

飞去来器是澳洲土著人传统的狩猎工具。熟练的猎手向猎物发出飞去来器以后，如果没有击中目标，它就会神奇般地返回发出者的手中。现在人们已经把飞去来器当成玩具和运动健身器械了。

没打中！

好奇指数 ★★★★★

鸟站在电线上不会触电，为什么人碰到电线会触电身亡❓

我们的身体能导电，大地也能导电，一旦人的身体碰到带电物体，由于存在电位差，电流就会通过人体传入大地。强的电流通过人体时，会导致肺部停止呼吸，心脏停止跳动，血液停止循环。没有血液循环，人体细胞组织会缺氧，在 10 ~ 15 秒内，人便失去知觉，最后导致死亡。高压强电流还会像闪电一样，瞬间烧毁人的肌体组织。

人触电伤害程度的轻重，与通过人体的电流大小、电压高低、时间长短等有关，一般来说，36 伏及以下为安全电压。人触电，是因为带电体、人体和大地之间构成了电流回路。当人的身体不与大地相连，如穿了绝缘胶鞋或站在干燥的木凳上，就不能形成电流回路，人也就不会触电。鸟站在高压线上不会触电就是这个道理。

其 实，大部分动物都有眼白，只是它们的眼白是褐色的，与虹膜很难区分开来。动物的褐色眼白是为了伪装和隐蔽视线。

为什么动物的眼睛没有眼白

在捕杀猎物的过程中，如果隐藏自己的视线，就不会引起猎物警觉，从而轻易地追捕到猎物；而对猎物来说，看不清的视线会让敌人产生错觉，从而使自己逃过一劫。

科学家认为，人类祖先的眼白也是深色的，后来学会了使用火和工具，被其他动物攻击的危险减少，这时就不用再隐蔽视线了。而且，人类在共同狩猎、劳作和生活时，需要更好地沟通想法，所以眼白部分便渐渐进化成白色，使视线变得更加明白易懂，能表达各种不同的意思，甚至能进行情感上的交流。

虽 然天上的云看起来像棉花一样轻，但云也是有重量的。科学家做过测量，1～2立方千米的云，重量能达好几吨重。可云为什么掉不下来呢？

好奇指数 ★★★★★

物体抛向空中都会掉下来，为什么云掉不下来

云是由空中的小水滴形成的，小水滴之间有空隙，它们是松散"联盟"，所以云层体积特别大。云层虽然也受到地球引力作用，但由于有空气浮力托住了云层，它就掉不下来了。

另外，空气受太阳光照射时，会产生上升气流。上升气流对于云层的冲击很大，也会把云层托住。

但是，当冷气流光顾时，云层密度会加大，许多小水滴会凝结成大的水滴，这时空气浮力和气流也托不住了，水滴就会落到地面，形成雨雪。

冬虫夏草简称虫草，它是一种动物和植物的结合体。

夏季，蝙蝠蛾为繁衍后代，将卵产在花草的叶上，随叶片落到地面。卵经过一个月左右孵化，变成幼虫，钻入潮湿松软的土层。土层里有一种虫草真菌，它们侵袭到幼虫体内，以幼虫的内脏组织为食，在幼虫体内生长。最后，幼虫的内脏慢慢消失了，变成一个充满菌丝的躯壳。幼虫在冬天时仍像一条虫子；第二年春天来临时，菌丝开始生长；到夏天时，长成一棵小草，这样就成了一个完整的冬虫夏草。

冬虫夏草是一种贵重滋补品，有补肺益肾、止血化痰等功能。它一般生长在海拔 3500 ~ 5000 米的高原和高山地区，我国青海省玉树和西藏那曲地区所产的冬虫夏草品质最好。

好奇指数 ★★★★★

冬虫夏草到底是虫还是草

物质燃烧是最常见的一种化学反应，火是物质燃烧过程中释放能量的一种形式。常规的火焰就是正在进行氧化反应而发光的气体，或温度比较高可以发出可见光的气体。

好奇指数 ★★★★★

火焰为什么会有不同颜色呢

通常，我们看到的火焰可分为外焰、内焰和焰心3层，这是由于参与燃烧的氧气浓度不同，所以燃烧的程度就不同。一般外焰的温度最高，燃料在这里接触到的氧气最多，燃烧最充分；内焰接触到的氧气少一些，燃烧不够充分，温度稍低；焰心接触到的氧气最少，燃烧很不充分，所以温度最低，颜色也比较暗淡。

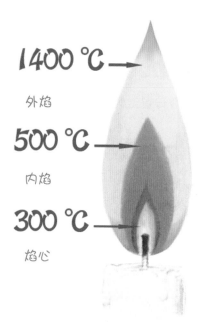

1400℃ — 外焰
500℃ — 内焰
300℃ — 焰心

好奇指数 ★ ★ ★ ★ ★

火烧过的东西为什么会变黑？

并不是所有的物体燃烧后都会变成黑色的，能变黑的大多是有机物。我们又称有机物为碳氢化合物，因为构成这种物质的化学成分主要是碳和氢。木材、石油、塑料、橡胶、植物的秸秆等，都是有机物。有机物充分燃烧后产生二氧化碳和水。如果燃烧不完全，就会形成焦炭。焦炭的物理特性是黑色的，所以用火烧过的东西就变成黑色了。继续燃烧，黑色就会消失。

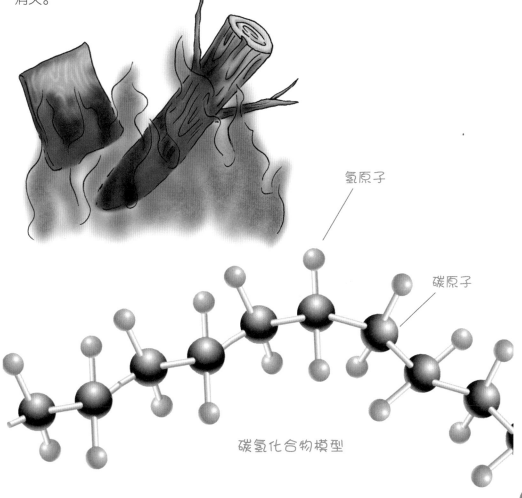

氢原子

碳原子

碳氢化合物模型

好奇指数 ★★★★★

下雪时为什么
用盐融雪

以前，下雪时，人们会在公路上撒些盐，这样雪很快就能融化了。这是因为，固体盐能吸收雪表面的水分产生溶解，溶解的盐水又会使周围的雪融化，变成含盐的雪水。水中含盐后，水结冰的温度会降到零度以下，甚至到零下十几度，这样融化的雪水就不会结冰了。但是，盐水会对公路桥梁造成侵蚀，所以现在许多国家已经不允许采用这种方式来化雪了，而采用化雪剂来融化路面上的雪。

变个魔术给你看。

要 弄明白这个，我们首先要知道口香糖是由什么组成的。世界上的物质，都是由一个一个的分子构成的。分子和分

好奇指数 ★★★★★

**为什么口香糖
在嘴里是软的，
吐出来就会变硬**

子之间排列得紧密，物质就比较硬，比如石头；分子和分子之间排列得疏松，物质就比较软，比如果冻。不过，分子们排列得紧密还是疏松，也不是绝对的，有时会产生变化。口香糖没有放到嘴里时，它的分子排列比较密，所以是硬的；在嘴里嚼一会儿后，它受热膨胀，分子之间的距离变大，就变软了；吐出来后，外面温度比较低，口香糖分子之间的距离又缩小了，分子排列紧密起来，于是口香糖又变硬了。

兄弟，快帮我脱衣服。

谁让你穿那么多！

咖啡的精华是它的苦味吗？

别人笑我蠢多没面子。

提问被人笑话怎么办？

还有人笑我……

不怕提问

很多孩子不敢提问，是有这样那样的担心，并不是他们没有问题问。不怕！有位科学家曾说："没有愚蠢的问题。"

问题与发明

提出问题比解决问题更重要

$E=mc^2$

在发明创新的道路上，永远不要嘲笑提问者。

两种不同的教育会产生两种不同的结果。美国的家长看到自己的孩子从学校回来会问："你今天提了几个问题？"中国的家长却问："你今天考了多少分？"美国的孩子从小爱思考、敢提问，发明创新能力强。中国的孩子学习能力强，考试成绩遥遥领先，可发明创新能力却比不过美国的孩子。问题出在哪儿？对，提问！中国孩子不爱提问！提问是一种能力，提问是通向发明创新的钥匙！

发明不难

他们的聪明从哪儿来的？

科学家为什么有那么多发明创新呢？

他们比我们聪明吗？

你看，提问可以改变世界！

Intel

思考小贴士

他们的聪明从观察中来，从思考中来，从质疑中来。他们不断提问，不断探究，在探究的过程中，发现问题，解决问题。面对层出不穷的问题，他们不断地进行着各种各样的探究，成就了数不清的发明创新。

提问是一切发明创新的敲门砖。大胆质疑，不人云亦云，不盲从已有的结论，坚持自己思考、自己发现问题、自己提出问题，就会有惊人的收获。

大胆质疑

发明·小·故事

20世纪70年代，华裔美籍物理学家丁肇中对当时的物理学界大胆提出了质疑："为什么宇宙中只有3种夸克？"他带着这个疑问，不断地试验与研究，终于发现了一种新的粒子——J粒子，由此改变了人们对物质基本结构的认识。

柑橘喷雾器

经济、环保，使用方便。

牙膏压榨机

通用包装纸

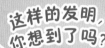

用爱包装礼物

钥匙杯

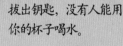

拔出钥匙，没有人能用你的杯子喝水。

这样的发明，你想到了吗？

切香蕉模具

减轻劳动负担，切出的香蕉片薄厚均匀又好看。

竹筒扬声器

操作便捷，音质好。

中国儿童好问题百科全书
CHINESE CHILDREN'S ENCYCLOPEDIA OF GOOD QUESTIONS
发明发现

总 策 划	徐惟诚

编辑委员会

主　　编	鞠 萍
编　　委 （以姓氏笔画为序）	于玉珍　马光复　马博华　刘金双　许秀华 许延凤　李 元　庞 云　施建农　徐 凡 黄 颖　崔金泰　程力华　熊若愚　薄 芯

主要编辑出版人员

社　　长	刘国辉
主任编辑	刘金双
全书责任编辑	刘金双
美术编辑	张倩倩　张紫微
绘　　图	饭团工作室　蒋和平　钱 鑫
装帧设计	参天树 TOPTREE　北京升创文化传播有限公司
最美发问童声	周欣然　孙甜甜　蔡尘言　沈漪煊　余周逸　林佳凝　赵甜湉 徐斯扬　潘雨卉　周和静　周子越　董梓溪　方宇彤　龙奕彤 马景歆　沈卓彤　翁同辉　夏子鸣　严潇宇　张申壹　赵玉轩 黄睿卿　孙崎峻　蔺铂雅　李欣霖　郭 垚　侯皓悦　范可盈 宋欣冉　马世杰　张译尹　卜 茵　王博洋
音频技术支持	北京扫扫看科技有限公司
责任印制	李宝丰